AF613726

Die in den Sitzungsberichten Abt. I und Abt. II der math.-nat. Klasse der Österr. Akad. d. Wiss. erscheinenden Abhandlungen werden auch einzeln abgegeben. Sie können durch jede Buchhandlung oder direkt durch die Auslieferungsstelle der Österreichischen Akademie der Wissenschaften (Wien I, Singerstraße 12) bezogen werden.

Nachfolgende Abhandlungen aus dem Fache **Astronomie** sind erschienen:

1950 (1949) (S II a, Bd. 158):

Eichhorn H.: Über Funktionaldeterminante und Ausnahmefälle bei der Bahnbestimmung in der Ellipse (mit 1 Tafel), 11 Seiten. S 20.—

Ferrari d'Occhieppo K.: Himmelsmechanische Untersuchung über die hypothetischen Massen D und E im Algolsystem (mit 2 Tafeln), 31 Seiten. S 20.—

Hnatek A.: Über die Berechnung einer Sonnenuhr bei beliebiger Neigung und beliebigem Azimut der Uhrfläche (mit 7 Textfiguren), 14 Seiten. S 12.—

Pastor M.: Drei Feuerkugeln vom 19. August 1936, 32 Seiten. S 21.—

Wähnl Maria: Eine theoretische Untersuchung zur Entstehungshypothese der Sternhaufen (mit 2 Textfiguren), 32 Seiten. S 24.—

1950 (1950) (S II a, Bd. 159):

Haupt H.: Über Phasenkoeffizienten und Albedo der kleinen Planeten Ceres, Palls, Juno und Vesta, 20 Seiten. S 21.60

Nikoloff I.: Definitive Bahnbestimmung des Kometen 1936 III (Kaho-Kozik.-Lis), 17 Seiten. S 20.40

Pastor M.: Die Feuerkugel vom 4. Jänner 1945, $17^h\,52^m$ MEZ., 22 Seiten. S 16.—

Socher H.: Die Polhöhe der Universitäts-Sternwarte Wien, 10 Seiten. S 8.60

Socher H.: Veränderliche Fundamentalsterne der „Potsdamer Durchmusterung" (mit 2 Abbildungen), 9 Seiten. S 7.20

1951 (S II a, Bd. 160):

Eichhorn H.: Die Genauigkeit einer Kreisbahnbestimmung, 15 Seiten. S 8.50

Schrutka-Rechtenstamm Erna: Definitive Bahnbestimmung des Kometen 1932 I, 25 Seiten S 19.80

Senftl E.: Definitive Bahnbestimmung des Kometen 1930 V (Forbes), 15 Seiten. S 13.60

1952 (S II a, Bd. 161):

Ferrari d'Occhieppo K.: Die Häufigkeitsfunktion der Sternmassen (mit 3 Abbildungen), 31 Seiten. S 22.50

Hopmann J.: Selenodätische Untersuchungen, 46 Seiten. S 23.90

Krumpholz H.: Beobachtungen von Kometen und von (433) Eros, 2 Seiten. S 2.20

Nikoloff I.: Photographische Positionen am Normal-Astrographen, 2 Seiten. S 2.20

Schütte K.: Galaktozentrische Bahnelemente von 1026 Fixsternen in der nächsten Umgebung der Sonne (mit 3 Abbildungen), 72 Seiten. S 27.—

Schrutka-Rechtenstamm G.: Definitive Bahnbestimmung des Kometen 1930 III, 21 Seiten. S 8.—

1953 (S II a, Bd. 162):

Eichhorn H.: Ein verkürztes Verfahren zur exakten Bestimmung von Schrauben- oder Skalenfehlern und Untersuchung des Töpferschen Meßapparates der Wiener Universitäts-Sternwarte (mit 1 Abbildung und 1 Tafel). S 21.50

Hopmann J.: Photometrie von 420 visuellen Doppelsternen. S 35.80

Hopmann J.: Beobachtungen der totalen Mondesfinsternis vom 30. Jänner 1953 auf der Universitäts-Sternwarte Wien (mit 4 Abbildungen). S 18.70

Hopmann J.: Photometrisch-kolorimetrische Beobachtungen von visuellen Doppelsternen. S 19.20

Schrutka-Rechtenstamm G.: Definitive Bahnbestimmung des Kometen 1932 V (Peltier-Whipple). S 29.40

Schütte K.: Galaktozentrische Bahnelemente von 1026 Fixsternen in der nächsten Umgebung der Sonne (mit 5 Abbildungen). S 27.—

Widorn Th.: Die athmosphärischen Verhältnisse bei astronomischen Beobachtungen in Wien (mit 7 Abbildungen). S 7.20

ISBN 978-3-662-23118-0 ISBN 978-3-662-25088-4 (eBook)
DOI 10.1007/978-3-662-25088-4

Relative Höhenbestimmungen auf dem Monde mittels des Pariser Mondatlasses und visueller Messungen am Fernrohr

Von

Guntram Schrutka-Rechtenstamm (Wien)

(Vorgelegt in der Sitzung am 24. Juni 1954)

Einleitung

Schon seit langem versuchte man die relativen Höhen von Mondbergen zu bestimmen. Direkt lassen sich solche nur am Mondrand erhalten. Für andere Berge wurde bereits seit Hevel das Verfahren verwendet, das Aufleuchten von Bergspitzen in noch dunkler Umgebung in der Nähe der Lichtgrenze zu beobachten. Bekanntlich ist aber dieses Verfahren nur bei einzelstehenden Bergspitzen anwendbar und auch dort nicht allzu genau. So hat Olbers ein weiteres Verfahren zur Bestimmung von Mondberghöhen ausgearbeitet, das später meistens verwendet wurde, nämlich die Ermittlung aus den Längen der Schatten, den diese Berge werfen.

Auf diesem Wege haben J. H. Mädler[1] und insbesondere J. Schmidt[2] eine ziemlich große Anzahl relativer Mondberghöhen bestimmt. Seither wurden kaum mehr Messungen dieser Art in größerem Maße vorgenommen, obwohl seither schon 100 Jahre vergangen sind und die Beobachtungsmethoden sich beträchtlich geändert haben. Vor allem kam seither die Photographie dazu, die ein wesentlich bequemeres Messen gestattet. Außerdem hat man bei der Photographie den Vorteil, daß für die ganze Aufnahme ein einziger Zeitpunkt gilt und damit auch die nur von der Zeit abhängigen Größen, wie Libration, Lage des Terminators u. dgl., ein für allemal für die betreffende Platte gerechnet werden können.

[1] J. H. Mädler, Mappa selenographica 1837.

[2] J. Schmidt, Charte der Gebirge des Mondes 1878.

Ferner wurden von J. Franz[3] und S. A. Saunder[4] recht präzise Koordinaten einer ziemlich großen (über 3000) Anzahl von Mondkratern ermittelt, im allgemeinen mit einem mittleren Fehler von etwa 1′, während bei Mädler leicht noch Fehler von 10′—15′ vorkommen können.

Zur Reduktion braucht man ferner die Lage der Hörnerlinie. Mädler bestimmte diese im Fernrohr, war also genötigt, insbesondere da er kein Uhrwerk benutzte, eine so schwache Vergrößerung anzuwenden, daß man die ganze Hörnerlinie sehen konnte. Die Lage dieser Hörnerlinie kann man jetzt leicht durch Rechnung finden, nachdem insbesondere durch Hayn eine gute Librationstheorie vorliegt, wozu bei der Photographie vorteilhaft dazukommt, daß diese Lage ein für allemal für das ganze Bild bestimmt werden kann.

Verwendete Blätter und Librationsdaten

Um nun die Möglichkeit eines solchen Verfahrens genauer zu untersuchen, wurden sechs Blätter des Pariser Mondatlasses vermessen, die sich teilweise überdecken, so daß eine Überprüfung der Genauigkeit durch die gegenseitige Übereinstimmung gegeben ist. Drei von diesen Blättern (5, 13 und 52) gehören dabei dem zunehmenden Mond an, drei (23, 34 und 69) dem abnehmenden. Die vermessene Gegend betrifft vor allem Caucasus, Alpen, Eudoxus, Aristoteles, Cassini.

Für jede dieser Karten wurden 16—22 Punkte ausgewählt, für die genaue Koordination nach J. Franz (in Ausnahmefällen auch nach Saunder) vorliegen.

Die Librationsdaten wurden nach den Formeln berechnet, wie sie in den neueren Nautical Almanacs zu finden sind, denen bekanntlich die Theorie von Hayn[5] zugrunde liegt. Nur Rektaszension, Deklination, Parallaxe und Radius des Mondes sowie Mondknoten und mittlere Länge des Mondes wurden den damaligen Nautical Almanacs entnommen.

---

[3] J. Franz, Die Randlandschaften des Mondes, Abh. Leop. Carol. Deutschen Akademie der Naturforscher, Band 91, Nr. 1.

[4] S. A. Saunder, The determination of Selenographic Positions and the Measurement of Lunar Photographs. Mem. R. A. S. **60**, 1.

[5] Hayn, Selenographische Koordinaten, Abh. der kgl. Sächs. Ges. d. Wiss. **29** und **30** (1904 und 1907).

Als Librationsdaten ergaben sich

Tabelle 1.

Blatt	5	13	52	23	34	69
t	1894 Feb. 13 $6^{\mathrm{h}}5$ M. Z. Paris	1894 März 14 $7^{\mathrm{h}}6$ M. Z. Paris	1903 Apr. 5 $7^{\mathrm{h}}9$ M. Z. Paris	1894 Sep. 19 $14^{\mathrm{h}}1$ M. Z. Paris	1899 Okt. 25 $17^{\mathrm{h}}0$ M. Z. Paris	1907 Aug. 29 $16^{\mathrm{h}}4$ M. Z. Paris
l	— 5°251	— 2°482	+ 0°039	— 4°974	+ 3°648	+ 5°838
b	— 4.503	— 6.143	+ 7.273	— 5.066	+ 4.661	+ 5.878
C	— 11.572	— 2.056	— 10.146	— 13.540	+ 10.973	— 11.117
T	— 12.403	— 2.465	— 11.372	163.239	192.310	168.407
M	85.904	89.621	80.118	58.784	87.884	83.741
$c_{\odot}$	9.270	2.815	9.918	153.609	174.134	167.983
$b_{\odot}$	— 1.147	— 0.448	+ 0.047	+ 0.121	— 1.160	+ 1.110

Hiebei bedeuten l, b die Libration in Länge und Breite, C den Positionswinkel der Rotationsachse des Mondes, T den Positionswinkel der Hörnerlinie, M den Phasenwinkel, $c_{\odot}$, $b_{\odot}$ die selenographische Ko-Länge und Breite der Sonne. Die Bezeichnungen decken sich im wesentlichen mit der des Nautical Almanac, nur sind hier, sachlich richtiger als im N. A., die Werte von T bei abnehmendem Mond um 180° anders als in diesem[6].

Die Blätter unterscheiden sich neben Unterschieden in der Phase vor allem in Unterschieden in der Libration in Breite. Bei zunehmendem Mond besitzt Blatt 13 eine sehr ungünstige Libration, vieles ist schon stark perspektivisch verkürzt, 52 hingegen eine sehr günstige, bei der noch viele Randlandschaften gut und verläßlich zu messen sind. Bei abnehmendem Mond ist zwischen den Blättern 23 (ungünstig) und 69 (günstig) ein ähnliches Verhältnis. Die anderen Blätter (5 und 34) zeigen keine randnahen Gebiete.

Ermittlung der selenographischen Koordinaten

Es wurden nun bei jedem Blatt 16—22 Punkte ausgewählt, für die genaue Koordinaten vorliegen und diese genau vermessen. Diese Mes-

Daß die Definition der Größe T im N. A. nicht allzu zweckmäßig ist, erkennt man bald, wenn man versucht, den Wert von T von zunehmenden Mond über den Vollmond zum abnehmenden stetig überzuführen.

sungen dienten als Grundlage für die Herstellung der Reduktionsformeln.

Bei den Messungen wurde jedesmal ein Lineal über das ganze Blatt gelegt und streng darauf gesehen, daß der Abstand der beiden Bildränder der Aufnahme bei jeder Messung gleich groß herauskommt. Wenn sich kleine Unterschiede zeigten, wurde das Lineal immer so gelegt, daß der Unterschied auf beide Bildränder in gleicher Weise verteilt war. Dadurch wurde auch gleichzeitig erreicht, daß kein erheblicher Fehler durch Schiefliegen des Lineals zustande kommen konnte.

In dieser Weise wurden die X- und Y-Werte (in Millimetern) für die einzelnen Krater erhalten, und in dieser Weise sind sie auch im Katalog am Schluß dieser Arbeit angegeben. Die X sind hiebei stets vom linken Rand gezählt, die Y vom unteren.

Wichtig ist aber hiebei die Angabe des Formats des Bildausschnittes; wenn infolge einer Papierverzerrung das Bild in einem anderen Exemplar des Pariser Mondatlasses eine andere Größe haben sollte, so ist dies bei der Beurteilung der X und Y zu berücksichtigen. Bei dem zur Messung verwendeten Exemplar betrug das Format

Tabelle 2.

Blatt 5:	480 mm	x 575 mm
Blatt 13:	477 mm	x 573 mm
Blatt 52:	$467^1/_2$ mm	x $569^1/_2$ mm
Blatt 23:	472 mm	x $575^1/_2$ mm
Blatt 34:	470 mm	x 566 mm
Blatt 69:	470 mm	x 570 mm.

Die Reduktionsformeln ergeben sich auf folgende Weise. Man geht von den selenozentrischen Koordinaten ξ, η, ζ aus, wobei als Einheit der mittlere Mondradius gewählt wird. Diese ξ, η, ζ sind bei Saunder direkt zu entnehmen, bei Franz folgen sie aus den dort angeführten selenographischen Koordinaten l_k, b_k nach den Formeln:

$$\begin{aligned} \xi &= \cos b_k \sin l_k \\ \eta &= \sin b_k \\ \zeta &= \cos b_k \cos l_k. \end{aligned} \tag{1}$$

Dabei wird also auf eine unterschiedliche absolute Höhe der Mondpunkte keine Rücksicht genommen, was aber bei der hier erreichbaren Genauigkeit kaum eine Rolle spielt.

Aus diesen Koordinaten wurden nun rechtwinkelige, bezogen auf die Blickrichtung zum Mond, abgeleitet, wofür folgende Formeln gelten:

$$\begin{aligned} x &= +\xi \cos l & & -\zeta \sin l \\ y &= -\xi \sin l \sin b & + \eta \cos b & -\zeta \cos l \sin b \\ z &= +\xi \sin l \cos b & + \eta \sin b & + \zeta \cos l \cos b. \end{aligned} \tag{2}$$

Die z-Koordinate wird dabei nur zur Ermittlung der Korrektion auf endliche Entfernung sowie zur Kontrolle gebraucht (Kontrolle $x^2 + y^2 + z^2 = 1$).

Die Korrektion auf endliche Entfernung beträgt

$$\begin{aligned} \Delta x &= x' - x = x\, z \sin s \\ \Delta y &= y' - y = y\, z \sin s \end{aligned} \tag{3}$$

und wurde an obige x, y angebracht (s Mondhalbmesser), wodurch sich die Standardkoordinaten x', y' ergaben.

Die so erhaltenen Standardkoordinaten für die ausgewählten Meßpunkte wurden nun mit den Meßergebnissen in Beziehung gesetzt. Verwendet wurde hiezu das Turnersche Verfahren, wobei über alle gemessenen Punkte ausgeglichen wurde. Es ergaben sich folgende Reduktionsformeln nach Tabelle 3

Tabelle 3.

Blatt 5: $x' = -0.80780 . 10^{-3}\, X - 0.02399 . 10^{-3}\, Y + 0.32873$
$y' = +0.02567 . 10^{-3}\, X - 0.80280 . 10^{-3}\, Y + 0.84303$

Blatt 13: $x' = -0.71937 . 10^{-3}\, X - 0.01833 . 10^{-3}\, Y + 0.30903$
$y' = +0.01853 . 10^{-3}\, X - 0.72298 . 10^{-3}\, Y + 0.99751$

Blatt 52: $x' = -0.77405 . 10^{-3}\, X - 0.09451 . 10^{-3}\, Y + 0.28708$
$y' = +0.09181 . 10^{-3}\, X - 0.77144 . 10^{-3}\, Y + 0.97967$

Blatt 23: $x' = -1.18692 . 10^{-3}\, X - 0.01222 . 10^{-3}\, Y + 0.48161$
$y' = +0.01257 . 10^{-3}\, X - 1.17557 . 10^{-3}\, Y + 1.00577$

Blatt 34: $x' = -1.13072 . 10^{-3}\, X + 0.01794 . 10^{-3}\, Y + 0.06452$
$y' = -0.02427 . 10^{-3}\, X - 1.13619 . 10^{-3}\, Y + 0.79433$

Blatt 69: $x' = \quad 0.87694 . 10^{-3}\, X + 0.00667 . 10^{-3}\, Y + 0.07333$
$y' = -0.01184 . 10^{-3}\, X - 0.87383 . 10^{-3}\, Y + 1.00192$

Die Darstellung der 16—22 Mondpunkte durch diese Reduktionsformeln ist dabei recht gut, der Fehler überschreitet nicht allzu oft $5 \cdot 10^{-4}$ Mondradien (etwa 2′ selenozentrisch oder $^1/_2''$ geozentrisch, entspricht auf den Blättern 0.4 bis 0.6 mm). So läßt sich also ein Blatt des Pariser Mondatlasses auch gebrauchen, um die Koordinaten eines noch nicht gemessenen Mondpunktes zu erhalten, wenn er nicht mit der höchsten Genauigkeit gebraucht wird.

Will man umgekehrt aus gemessenen Koordinaten die selenographischen erhalten, so ermittelt man zunächst nach den Formeln der Tabelle 3 die Standardkoordinaten x', y'. An diese bringt man zunächst die Reduktion auf unendliche Distanz an. Hiezu berechnet man z' nach der Formel

$$z' = \sqrt{1 - x'^2 - y'^2} \tag{4}$$

und erhält dann als die verlangte Reduktion[7]

$$\begin{aligned} x &= x' - x' z' \sin s \\ y &= y' - y' z' \sin s. \end{aligned} \tag{5}$$

Aus diesen ergibt sich dann z nach der Formel

$$z = \sqrt{1 - x^2 - y^2}. \tag{6}$$

Die selenozentrischen Koordinaten selbst erhält man dann aus den Formeln:

$$\begin{aligned} \xi &= + x \cos l - y \sin l \sin b + z \sin l \cos b \\ \eta &= + y \cos b + z \sin b \\ \zeta &= - x \sin l - y \cos l \sin b + z \cos l \cos b \end{aligned} \tag{7}$$

wobei allerdings zu beachten ist, daß die Formel für ζ nur soweit richtig ist, als es erlaubt ist, zu setzen

$$\xi^2 + \eta^2 + \zeta^2 = 1,$$

d. h. man vernachlässigt die absoluten Höhen. Genau genommen werden dadurch auch ξ und η etwas affiziert, doch ist das bei der Genauigkeit von Papierkopien durchaus belanglos.

---

[7] Daß in der Formel (3) x, y, z steht, in der Formel (5) hingegen x', y', z', hat bei dem geringen Unterschied dieser Größen in Anbetracht der Kleinheit der Korrektion selbst nichts zu bedeuten.

Ermittlung von Mondberghöhen

Um nun die relativen Höhen einzelner Mondberge zu bestimmen, muß man deren Schattenlänge messen. Um immer richtig Gipfelpunkt und Schattenendpunkt einander zuzuordnen, muß man das Azimut des Schattenwurfs erfassen. Wie die Theorie[8] zeigt, ist das Azimut des Schattenwurfs bei einer photographischen Aufnahme für sämtliche Bergspitzen immer ein und dasselbe, nämlich immer in der Richtung des Beleuchtungsäquators senkrecht auf die Hörnerlinie. Man erhält daher stets die richtigen Schattenlängen, wenn man ein Lineal in der Richtung der Hörnerlinie anlegt und an dieses ein Zeichendreieck, dessen andere Kante dann immer in der Richtung des Schattenwurfs liegt. Durch Ablesen der Maßstabstriche am Dreieck erhält man so die Schattenlänge in Millimeter.

Die Richtung der Hörnerlinie zum Anlegen des Lineals wird dabei so ermittelt, daß man aus den Formeln der Tabelle 3 die Richtung der Mondachse bestimmt ($x' =$ const. gibt diese Richtung) und dann $T - C$ anbringt. Noch einfacher erhält man diese aus den Formeln der weiter unten angeführten Tabelle 5 ($x_T =$ const. gibt die Richtung der Hörnerlinie unmittelbar). Weiter braucht man den Mondradius auf den Blättern des Pariser Mondatlasses. Diesen erhält man auch aus den Formeln der Tabelle 3, indem man die X und Y zu bestimmen sucht, die einerseits $x' = 0$, $y' = 0$ und andererseits $x' = 1$, $y' = 0$ entsprechen. Der Mondradius ist dann $\sqrt{(X_2 - X_1)^2 + (Y_2 - Y_1)^2}$. Er beträgt, oft etwas abweichend von den Angaben des Pariser Mondatlasses, die offenbar nur geschätzt wurden, nach Tabelle 4:

Tabelle 4. Mondradius der Karte.

Blatt 5	1.24 m
Blatt 13	1.39 m
Blatt 52	1.285 m
Blatt 23	0.84 m
Blatt 34	0.885 m
Blatt 69	1.14 m.

[8] Siehe z. B. Mädler, Mappa selenographica, oder Graff, Formeln und Hilfstafeln zur Reduktion von Mondbeobachtungen und Mondphotographien. Berlin-Dahlem, Astr. Recheninstitut, Veröff. Nr. 14.

Um nun die relativen Höhen der Mondberge abzuleiten, muß man zunächst die Schattenlängen in absolutem Maß, z. B. in Bruchteilen des Mondradius, ausdrücken, wozu die in Tabelle 4 gegebenen Werte des Mondradius gedient haben. Die Schattenlänge in Bruchteilen des Mondradius möge mit σ bezeichnet werden.

Dann müssen zur Ermittlung der beim Schattenwurf beteiligten Sonnenhöhen die Koordinaten des schattenwerfenden Punktes in bezug auf die Hörnerlinie ermittelt werden (während die x', y' nach der Drehachse des Mondes orientiert waren). Die Koordinaten nach der Hörnerlinie mögen mit x_T, y_T bezeichnet werden. Sie folgen aus x', y' nach den Formeln:

$$\begin{aligned} x_T &= +\, x' \cos (T - C) + y' \sin (T - C) \\ y_T &= -\, x' \sin (T - C) + y' \cos (T - C), \end{aligned} \tag{8}$$

welche Formeln mit denen der Tabelle 3 zusammengefaßt werden können. Dies ergibt dann

Tabelle 5.

Blatt 5:	$x_T = -\,0.80807 \,.\, 10^{-3}\, X - 0.01235 \,.\, 10^{-3}\, Y + 0.31647$
	$y_T = +\,0.01395 \,.\, 10^{-3}\, X - 0.80307 \,.\, 10^{-3}\, Y + 0.84771$
Blatt 13:	$x_T = -\,0.71948 \,.\, 10^{-3}\, X - 0.01317 \,.\, 10^{-3}\, Y + 0.30190$
	$y_T = +\,0.01339 \,.\, 10^{-3}\, X - 0.72309 \,.\, 10^{-3}\, Y + 0.99969$
Blatt 52:	$x_T = -\,0.77584 \,.\, 10^{-3}\, X - 0.07798 \,.\, 10^{-3}\, Y + 0.26605$
	$y_T = +\,0.07522 \,.\, 10^{-3}\, X - 0.77329 \,.\, 10^{-3}\, Y + 0.98559$
Blatt 23:	$x_T = +\,1.18575 \,.\, 10^{-3}\, X - 0.05385 \,.\, 10^{-3}\, Y - 0.42433$
	$y_T = +\,0.05414 \,.\, 10^{-3}\, X + 1.17440 \,.\, 10^{-3}\, Y - 1.03124$
Blatt 34:	$x_T = +\,1.13098 \,.\, 10^{-3}\, X + 0.00858 \,.\, 10^{-3}\, Y - 0.08304$
	$y_T = -\,0.00213 \,.\, 10^{-3}\, X + 1.13630 \,.\, 10^{-3}\, Y - 0.79261$
Blatt 69:	$x_T = +\,0.87681 \,.\, 10^{-3}\, X - 0.01396 \,.\, 10^{-3}\, Y - 0.06495$
	$y_T = +\,0.01915 \,.\, 10^{-3}\, X + 0.87374 \,.\, 10^{-3}\, Y - 1.00549.$

Bei der Berechnung der x_T, y_T wurde auf eine Reduktion auf unendliche Entfernung verzichtet, da sich die Schattenlängen gar nicht so genau messen lassen, als daß dies wichtig wäre.

Aus diesen x_T, y_T folgt dann z_T (nahezu gleich z') aus der Formel:

$$z_T = \sqrt{1 - x_T^2 - y_T^2} \tag{9}$$

weiter die scheinbare Höhe der Sonne über der betrachteten Formation:

$$\sin h_\odot = x_T \sin M + z_T \cos M. \tag{10}$$

Sind gleichzeitig ξ, η, ζ berechnet worden [nach Tabelle 3 und den Formeln (4), (5), (6), (7)], so kann man $h_\odot$ auch nach folgender Formel berechnen:

$$\sin h_\odot = + \xi \cos b_\odot \cos c_\odot + \eta \sin b_\odot + \zeta \cos b_\odot \sin c_\odot, \tag{11}$$

was eine sehr wünschenswerte Rechenkontrolle ergibt.

Aus $h_\odot$ folgt dann als Länge des Schattens, vom Mondzentrum aus gemessen:

$$\sin \gamma = \frac{\sigma \cos h_\odot}{\sin M} \tag{12}$$

daraus schließlich als relative Berghöhe

$$h = \frac{\sigma \sin h_\odot}{\sin M} - 2 \sin^2 \frac{\gamma}{2}. \tag{13}$$

Diese ergibt sich so in Teilen des Mondradius. Wünscht man diese in Metern, so muß man sie mit 1,738.000, dem Mondradius in Metern, multiplizieren.

Auf diese Weise entstanden die im Katalog am Schluß angegebenen Höhen.

Visuelle Messungen von Mondberghöhen

Ein Vergleich dieser Werte mit J. Schmidt zeigte Abweichungen, die vielleicht systematischen Charakter haben können. Um solchen Abweichungen nachzugehen, war es wichtig, ein Meßverfahren zu versuchen, das grundsätzlich anders ist als die Ausmessungen im Pariser Mondatlas. Deshalb schien es rätlich, auch am Fernrohr Schattenlängen zu messen.

Aus diesem Grunde war Prof. J. Hopmann so freundlich, an neun Abenden Schattenlängen von Mondkratern zu messen, wozu noch eine Messungsreihe von Hofrat H. Krumpholz kommt.

Die Messungen erfolgten am 27zölligen Refraktor, der mit der Irisblende auf etwa 25 cm abgeblendet wurde. Es wurde darauf geachtet, daß die Schattenmessung stets senkrecht auf die Hörnerlinie erfolgte.

Diese wurde zu Beginn der Messungen ermittelt; die festen horizontalen Fäden gaben die Richtung des Schattens, wodurch dann auch die jeweilige Bergspitze eindeutig festgelegt war.

Es wurde in folgenden Nächten gemessen (die erste Angabe gibt die Bezeichnung, unter der die betreffende Nacht im Katalog geführt ist):

Tabelle 6.

Bei zunehmendem Mond:

H_1:	1953 April 20	von $19^h\ 1^m$ bis $19^h\ 28^m$ WZ
H_2:	1953 April 21	von $18^h\ 28^m$ bis $19^h\ 48^m$ WZ
H_3:	1953 Mai 21	von $19^h\ 20^m$ bis $20^h\ 56^m$ WZ
K :	1953 Juni 19	von $19^h\ 50^m$ bis $20^h\ 50^m$ WZ
	(Messungen von H. Krumpholz)	
H_4:	1953 Juni 20	von $19^h\ 26^m$ bis $19^h\ 42^m$ WZ

Bei abnehmendem Mond:

H_5:	1953 Juli 1—2	von $23^h\ 29^m$ bis $0^h\ 5^m$ WZ
H_6:	1953 Sept. 28	von $22^h\ 23^m$ bis $23^h\ 16^m$ WZ
H_7:	1953 Okt. 27	von $22^h\ 24^m$ bis $23^h\ 4^m$ WZ
H_8:	1953 Nov. 26	von $23^h\ 1^m$ bis $23^h\ 19^m$ WZ
H_9:	1953 Nov. 27—28	von $23^h\ 53^m$ bis $0^h\ 43^m$ WZ

Die Reduktion erfolgte, indem die Libration den Daten des Nautical Almanac entnommen wurde und die Reduktion von geozentrisch auf topozentrisch nach den Vorschriften von Atkinson[9] angebracht wurde. Aus diesen Daten wurden nach bekannten Formeln Richtung der Hörnerlinie und Phasenwinkel bestimmt.

Die Berechnung der Sonnenhöhen erfolgte dann über die Formel (11), wobei die ξ, η, ζ der Reduktion aus dem Pariser Mondatlas entnommen wurden. Aus der Sonnenhöhe, der gemessenen Schattenlänge und dem dem Nautical Almanac entnommenen Mondradius (an den noch die Reduktion von geozentrisch auf topozentrisch angebracht wurde) wurde dann nach den Formeln (12) und (13) die Höhe des Mondobjektes relativ zum Gelände der Schattenspitze bestimmt. Auf dieses Weise ergaben sich die im Katalog angegebenen relativen Mondhöhen.

[9] R. d'E. Atkinson, The computation of topocentric librations. M. N. **111**, 448 (1951).

Diskussion der Beobachtungen

Es ist klar, daß Höhenangaben nur dann einigen Anspruch auf Genauigkeit erheben können, wenn der Schatten nicht zu kurz ist. So sind alle Höhen, die bei großer Sonnenhöhe erhalten wurden, mit Mißtrauen zu betrachten. Die Erfahrung zeigte, daß dies vor allem bei Sonnenhöhen über 15° zu befürchten ist.

Um diese Wirkung einzuschätzen, möge bemerkt werden, daß bei einem Monddurchmesser von 2 m der Pariser Aufnahmen bei einer Sonnenhöhe von 10° ein Unterschied von 1 mm in der Schattenlänge etwa 300 m Höhenunterschied entspricht. Bei 20° Höhe sind dies aber 600 m, und nachdem wohl kaum eine größere Genauigkeit als 1 mm in der Messung der Schattenlänge erwartet werden darf, ist die Unsicherheit in der angegebenen Ordnung. Der Monddurchmesser ist wohl manchmal noch etwas größer, aber eine größere Sicherheit als 200 m bei 10° Sonnenhöhe ist wohl kaum zu erwarten.

Sicherer wird allerdings die Ermittlung der Höhe, wenn die Sonnenhöhe kleiner wird, d. h. man kommt näher an die Lichtgrenze. Doch kann man, von Ausnahmefällen abgesehen, mit der Sonnenhöhe kaum unter 5° heruntergehen, denn sonst werden die Schatten so lange, daß sie bereits auf andere Gebilde fallen und daher nicht mehr als maßgebend für die Berghöhe gelten können. Es kann sich dabei auch ereignen, daß der Krater überhaupt im Dunkel anderer Berge verschwindet.

Bei Kratern kann sich auch ereignen, daß der Schatten auf die Gegenböschung fällt (im Katalog ist dies mit einem (G) in der Spalte für die Berghöhen angedeutet). Es kommt dann die Höhe zu niedrig heraus. Bei Bergspitzen ist es bei sehr kleiner Sonnenhöhe möglich, daß der Schatten kein Ende mehr hat, sondern in den unbeleuchteten Teil des Mondes übergeht. In diesem Falle kann man nur eine Minimalhöhe ermitteln, nämlich

$$h_{\min} = {}^1/_2 \tan^2 h_{\odot}.$$

Solche Minimalhöhen wurden aber, weil ziemlich wertlos, nicht mitgeteilt (bei 5° Sonnenhöhe ergibt sich diese zu 6600 m, bei 2° zu 1100 m, größere Höhen können also dabei nicht mehr gemessen werden).

Ergeben sich bei verschiedenen Sonnenständen verschiedene Höhen, so brauchen noch durchaus keine Meßfehler vorzuliegen, denn die relativen Höhen beziehen sich jedesmal auf andere Bezugspunkte. So zeigt ein Krater, wie schon oben angeführt, bei kleiner Sonnenhöhe eine niedrige Innenhöhe, weil der Schatten auf die Gegenböschung fällt, dies aber auch bei sehr großer Höhe, weil hier die diesseitige Böschung zählt. Die größten Höhen sind dann zu gewärtigen, wenn der Schatten gerade auf das Zentrum fällt. Liegen sehr viele Messungen vor, so kann man dies geradezu zum Zeichnen eines Profils verwenden.[10] Aus diesem Grunde sollen bei der Beurteilung von zufälligen und systematischen Fehlern nur Messungen bei etwa der gleichen Sonnenhöhe verglichen werden.

Systematische Fehler sind bei den Messungen dieser Arbeit zweifellos vorhanden, die als Ursache wohl die Irradiation haben dürften. Es zeigt sich jedenfalls, daß die aus dem Pariser Mondatlas ermittelten Höhen, insbesondere bei zunehmenden Mond, höher sind als die aus den Messungen am Refraktor, während niemals in überzeugender Weise die visuellen Messungen höhere Werte lieferten.

Solche Unterschiede zeigten sich bei den Kratern Eudoxus und Calippus bei zu- und abnehmendem Mond, bei zunehmendem auch noch bei Chr. Mayer, Sheepshanks, Galle, Calippus, Autolycus, Archytas, Barrow, bei abnehmendem bei Epigenes, Timäus; außerdem auch bei einigen Gipfeln der Alpen und des Caucasus. Im Allgemeinen waren dabei die visuellen Höhen etwa drei Viertel der photographischen.

Es waren übrigens die Höhen des Blattes 13 systematisch etwas niedriger als die der Blätter 5 und 52, was ebenfalls auf Irradiation hindeutet. Macht man die Annahme, daß die visuellen Messungen am Wiener Refraktor frei von systematischen Fehlern sind, so sind im Durchschnitt die Schattenlängen auf Blatt 5 etwa um 2—3 mm zu lang gemessen worden, auf Blatt 13 im Süden um etwa 3 mm, im Norden gar nicht zu lang, auf Blatt 52 um 2—5 mm im Süden und ebenfalls im Norden nicht zu lang gemessen. Dies gilt für den zunehmenden Mond. Bei abnehmendem ist auf Blatt 23 der Schatten höchstens um 1 mm zu lang, auf Blatt 69 0—3 mm zu lang; bezüglich Blatt 34 lassen sich mangels genügender Vergleichsobjekte keine Angaben machen.

[10] Eine derartige eingehende Untersuchung ist einmal bereits durchgeführt worden, und zwar beim Krater Theophilus. McMath, Petrie und Sawyer, Relative lunar heights and topography. Publ. Michigan 6, Nr. 8, S. 67.

Wünscht man etwa auf Grund dieser Angaben die angeführten Höhen zu verbessern, so kann dies genähert (und für diesen Zweck wohl genügend genau) erfolgen, wenn man beachtet, daß die ermittelte Höhe proportional der Schattenlänge ist. Vermindert man also die gemessene Schattenlänge um einen derartigen Betrag, so ist die ermittelte Höhe proportional der Schattenlänge zu ändern.

Beim Vergleich der photographisch ermittelten Höhen mit J. Schmidt zeigt sich im wesentlichen dieselbe Erscheinung. Es ist aber dabei zu bedenken, daß die Ortsangaben bei J. Schmidt manchmal so unklar sind, daß sehr möglicherweise falsch identifiziert wurde (vor allem im Caucasus und den Alpen). Bei den visuellen Messungen von Prof. Hopmann am Wiener Refraktor wurde stets genau darauf gesehen, daß dasselbe Objekt gemessen wurde wie auf der Aufnahme, dies ist aber bei den Messungen von J. Schmidt nicht zu garantieren.

Was den Unterschied zwischen J. Schmidt und den visuellen Messungen am Wiener Refraktor betrifft, so kommen Abweichungen in beiden Richtungen ungefähr im gleichem Maße vor.

Beschreibung des Katalogs

In der ersten Spalte befindet sich die Nummer nach dem Werke: Named lunar formations von Mary A. Blagg und K. Müller, in der zweiten der zugehörige Name nach diesem Werk. Ist die Formation darin nicht enthalten, so ist die nächstbenachbarte angegeben mit dem Zusatz „bei". In dieser Spalte ist auch mitgeteilt, ob die Berghöhe gegenüber dem Kraterinneren oder dem Äußeren zu verstehen ist. Ist dort nichts angegeben und handelt es sich um einen Krater, so gilt die Höhe immer gegenüber dessen Innerem. Bei Bergspitzen gilt es immer gegenüber der Umgebung, und zwar bei zunehmendem Mond (s. dritte Spalte) gegenüber der östlichen, bei abnehmendem gegenüber der westlichen.

In der dritten Spalte ist das zur Messung benutzte Blatt des Pariser Mondatlas oder die Bezeichnung der visuellen Messungsreihe nach Tabelle 6 gegeben. Aus dieser Spalte erkennt man auch, ob es sich um zu- oder abnehmenden Mond handelt, denn 5, 13, 52, H_1, H_2, H_3, K, H_4 bezieht sich stets auf den zunehmenden, hingegen 23, 34, 69, H_5, H_6, H_7, H_8, H_9 auf den abnehmenden Mond.

In der vierten und fünften Spalte stehen die Meßkoordinaten in Millimetern des Pariser Mondatlasses, gezählt vom linken bzw. unteren Rand des Blattes, wobei die Blattgröße nach Tabelle 2 wegen möglicher Papierverzerrungen zu beachten ist. Handelt es sich um eine visuelle Messung aus Wien, so ist statt der Meßkoordinaten die Beobachtungszeit (in Weltzeit) gegeben (der zugehörige Tag ist aus Tabelle 6 zu ersehen).

In der sechsten Spalte steht die Schattenlänge, bei den Blättern des Pariser Mondatlasses in Millimetern, bei den visuellen Messungen in Bogensekunden.

In der siebenten und achten Spalte stehen die selenozentrischen Koordinaten der betreffenden Mondformation. Mit diesen ist die gemessene Formation immer eindeutig festzulegen.

In der neunten Spalte ist die Höhe der Sonne über der betreffenden Formation im Momente der Messung in Graden angegeben [nach Formel (10) oder (11)].

Die zehnte Spalte gibt die daraus abgeleitete relative Höhe in Metern [nach Formel (13)], die elfte zum Vergleich die nach J. Schmidt, diese aus den dort angegebenen Toisen umgerechnet und auf ganze 100 m abgerundet. Steht in der zehnten Spalte ein (G), so bedeutet dies, daß dabei der Schatten auf die Gegenböschung fällt und daher die Höhe entschieden zu niedrig herauskommt. In der zwölften Spalte ist die Bezeichnung nach J. Schmidt angegeben, mit der das Gebilde identifiziert wurde, wenn sie nicht mit der Bezeichnung in der zweiten Spalte identisch ist.

Katalog

Nr.	Name der Formation	Blatt oder Reihe	Gem. Koord. X (oder Zeit)	Gem. Koord. Y	Schattenlänge	Selenoz. Koord. ξ	Selenoz. Koord. η	$h\odot$	h in Metern	h nach J. Schmidt	Bezeichnung nach J. Schmidt
587	Taquet	23	70	548	1.5	+ 314	+ 285	7°0	450	500	
591	Menelaus	23	115	551	7.5	+ 258	+ 278	10.3	3170	2300	
		H_5	$0^h\ 2^m$		10″05			10.2	3430		
		H_6	$22^h\ 23^m$		10″47			3.8	1150 (G)		
		H_7	$23^h\ 1^m$		8″26			9.9	2710		
		H_8	$23^h\ 19^m$		10″33			4.9	1620 (G)		
606	Sulpicius Gallus Westwall	5	46	544	4	+ 194	+ 335	19.5	1860	—	
		H_1	$19^h\ 28^m$		2″81			4.7	430 (G)		
	Sulpicius Gallus Ostwall	23	174	503	2.5	+ 189	+ 337	13.9	1440	—	
		H_5	$0^h\ 5^m$		4″12			13.8	1930		
		H_7	$22^h\ 59^m$		3″79			13.3	1440		
619	Bessel Westwall außen	H_8	$23^h\ 15^m$		7″04	+ 289	+ 369	2.3	500	700	
	Bessel Ostwall innen	23	99	478	5	+ 231	+ 369	8.1	1650	1300	
		H_5	$23^h\ 59^m$		5″01			8.2	1390		
		H_6	$22^h\ 26^m$		7″00			1.7	350 (G)		
		H_7	$23^h\ 4^m$		4″30			7.5	1080		
		H_8	$23^h\ 14^m$		5″24			2.8	470 (G)		
622	Bessel A	23	67	439	2	+ 324	+ 417	5.1	420	300	
623	Deseilligny	23	62	486	1.5	+ 326	+ 359	5.6	350	—	
627	Bessel E	23	124	505	1	+ 250	+ 333	10.4	450	—	
676	Demokritos Westwall	13	18	110	9	+ 277	+ 883	16.8	3220	1800	

Nr.	Name der Formation	Blatt oder Reihe	Gem. Koord. X	Y (oder Zeit)	Schattenlänge	Selenoz. Koord. ξ	η	$h_\odot$	h in Metern	h nach J. Schmidt	Bezeichnung nach J. Schmidt
697	Chr. Mayer Westwall	13	198	92	15	+ 147	+ 894	9°2	2900	1300	
		52	157	206	9			12.5	2640		
		H_1	$19^h 21^m$		9″02			6.5	1880		
		K	$20^h 9^m$		4″1			10.9	1500		
		H_4	$19^h 30^m$		3″82			16.4	2140		
	Chr. Mayer Südostwall außen	13	227	94	8	+ 126	+ 890	8.1	1370	—	
		52	181	216	7			11.5	1910		
		H_1	$19^h 23^m$		8″00			5.2	1320		
	Chr. Mayer Ostwall innen	H_7	$22^h 37^m$		15″13	+ 123	+ 892	3.4	1530	—	
698	Sheepshanks Westwall innen	13	178	131	13	+ 158	+ 858	10.1	2780	—	
		52	136	258	10			13.9	3250		
		K	$20^h 12^m$		5″5			11.7	2140		
		H_4	$19^h 28^m$		4″02			18.1	2490		
	Sheepshanks Westwall außen	H_5	$23^h 45^m$		4″93			4.2	680		
	Sheepshanks Ostwall innen	23	249	93	8	+ 141	+ 859	5.3	1690		
		H_5	$23^h 46^m$		8″93			5.8	1690		
		H_7	$22^h 35^m$		7″79			4.1	1010		
710	Aristoteles, Berg etwas innerhalb des Westwalls	5	77	42	8	+ 210	+ 766	16.9	3200	2900	
		13	94	238	10			13.5	2870		
		52	52	386	7			18.2	3010		
		H_1	$19^h 10^m$		8″14			8.4	2190		
	Aristoteles Ostwall	23	222	158	14	+ 162	+ 771	7.3	3950	2700	
		H_5	$23^h 30^m$		12″66			7.9	3260		
		H_6	$22^h 37^m$		47″36			2.2	1120(G)		
		H_7	$22^h 25^m$		15″23			6.2	2990		
		H_8	$23^h 3^m$		35″85			3.2	2520(G)		

Nr.	Name der Formation	Blatt oder Reihe	Gem. Koord. X / Y oder Zeit	Schattenlänge	Selenoz. Koord. ξ	Selenoz. Koord. η	$h_\odot$	h in Metern	h nach J. Schmidt	Bezeichnung nach J. Schmidt
710	Aristoteles Nordostwall	H_5	$23^h\ 29^m$	17″63	+ 158	+ 779	7°3	4070	—	
		H_7	$22^h\ 25^m$	19″23	+ 155	+ 775	5.9	3520		
721	Mitchell Westwall	5	50 / 48	7	+ 232	+ 759	18.1	3050	—	
		13	64 / 246	8			14.8	2540		
	Mitchell Ostwall	23	178 / 167	10	+ 216	+ 761	4.5	1740 (G)	—	
		H_5	$23^h\ 33^m$	11″78			5.0	1860		
		H_7	$22^h\ 27^m$	9″79			3.4	1040		
725	Galle Westwall innen	13	88 / 168	9	+ 220	+ 826	13.8	2660	—	
		52	51 / 295	6.5			17.8	2730		
		H_1	$19^h\ 13^m$	5″40			9.8	1720		
		H_2	$18^h\ 45^m$	2″69			16.2	1460		
		K	$20^h\ 22^m$	3″4			15.5	1760		
	Galle Westwall außen	H_5	$23^h\ 41^m$	6″16			2.4	470	—	
	Galle Ostwall innen	H_5	$23^h\ 42^m$	9″36	+ 207	+ 826	3.2	920	—	
		H_7	$22^h\ 40^m$	8″20			1.5	350 (G)		
	Galle Ostwall außen	H_1	$19^h\ 14^m$	1″			9.1	300	—	
726	Eudoxus Westwall	5	52 / 119	11	+ 221	+ 697	18.4	4820	4600	
		13	73 / 320	15			14.4	4590		
		52	26 / 486	10			19.6	4580		
		H_1	$19^h\ 1^m$	14″73			8.4	3840		
		H_2	$18^h\ 13^m$	7″32			16.8	4050		
		K	$20^h\ 24^m$	5″2			16.1	2780		

Nr.	Name der Formation	Blatt oder Reihe	Gem. Koord. X | Y oder Zeit	Schattenlänge	Selenoz. Koord. ξ	η	$h_\odot$	h in Metern	h nach J. Schmidt	Bezeichnung nach J. Schmidt
726	Eudoxus Südostwall	23	194 | 220	13	+ 188	+ 691	8°2	4170	2400	
		H_5	23^h 36^m	12.″37			8.6	3480		
		H_6	22^h 34^m	30.″65			2.5	1550(G)		
		H_7	22^h 31^m	10.″71			7.2	2370		
		H_8	23^h 1^m	24.″73			3.6	2400(G)		
	Eudoxus, tiefe Scharte im Ostwall	H_7	22^h 29^m	6.″98	+ 182	+ 705	7.2	1650	—	
727	Eudoxus A Ostwall	23	157 | 201	3.5	+ 236	+ 717	4.7	660(G)	—	
		H_5	23^h 38^m	6.″11			5.1	1030		
		H_7	22^h 33^m	5.″10			3.6	590(G)		
748	Calippus Westwall	5	125 | 196	11	+ 154	+ 630	15.2	4000	2700	
		13	160 | 402	16			10.7	3620		
		H_2	19^h 16^m	6.″53			13.3	2870		
		H_3	20^h 33^m	4.″04			18.5	2520		
		K	20^h 35^m	7.″1			17.9	4220		
	Calippus Ostwall	23	232 | 266	5	+ 137	+ 630	12.6	2570	—	
		H_6	22^h 57^m	9.″20			6.5	1860		
		H_7	22^h 51^m	3.″55			11.6	1370		
		H_8	23^h 9^m	7.″51			7.8	1920		
751	Calippus α Höhe gegen Ost	5	156 | 194	19	+ 128	+ 632	13.7	6200	4400	
		13	194 | 400	30			9.3	5600		
	Calippus α Höhe gegen West	23	248 | 259	3.5	+ 118	+ 638	13.4	1910	2700	
		69	43 | 509	7			3.2	560		
752	Calippus β	5	165 | 198	15	+ 120	+ 628	13.3	4730	4000	
		13	207 | 405	23.5			8.8	4230		
		H_2	19^h 19^m	10.″42			11.4	3900		
		H_3	20^h 34^m	6.″08			16.5	3390		
		K	20^h 41^m	9.″6			15.9	5050		

Nr.	Name der Formation	Blatt oder Reihe	Gem. Koord. X oder Zeit	Gem. Koord. Y	Schattenlänge	Selenoz. Koord. ξ	Selenoz. Koord. η	$h_\odot$	h in Metern	h nach J. Schmidt	Bezeichnung nach J. Schmidt
bei 753	bei Calippus γ nordwestlich Cal.	23	210	257	7	+ 166	+ 643	10°6	3040	—	
755	Calippus ε	23	198	238	6	+ 181	+ 666	9.2	2240	1200	
bei 757	bei Calippus η	13	208	460	17	+ 116	+ 584	8.7	3080	2800	Caucasus g
bei 757	bei Calippus η	13	223	446	11	+ 107	+ 592	8.1	1880	—	
754	Calippus φ	5	189	237	9	+ 97	+ 595	12.3	2650	3200	Caucasus h
756	Calippus ω	5	169	258	10	+ 111	+ 577	13.2	3150	3400	Caucasus f
		13	215	470	17			8.4	2980		
758	Caucasus α	5	145	336	5	+ 127	+ 510	14.5	1740	1200	Caucasus a
		13	188	555	7			9.5	1410		
		23	232	362	2.5			15.3	1600	1000	
769	Caucasus β	5	172	332	6	+ 104	+ 514	13.2	1900	2000	Caucasus b
		13	220	549	9			8.2	1560		
bei 770	bei Caucasus γ	5	168	327	4.5	+ 107	+ 518	13.4	1440	—	
		13	216	543	14			8.4	2450		
bei 770	bei Caucasus γ	5	171	317	10	+ 106	+ 527	13.3	3170	2800	Caucasus c südlich
		13	217	531	16			8.3	2770		
		H_2	$19^h\,21^m$		8″05			10.8	2850		
		23	251	348	3.5			16.2	2310		
772	Caucasus ε	5	177	285	5	+ 102	+ 554	12.9	1550	3200	Caucasus d nördlich
		23	255	327	3			16.1	1960	2600	
773	Caucasus ζ	5	177	272	6	+ 104	+ 566	12.9	1860	2000	Caucasus e
		13	224	482	11			8.1	1880		
		H_2	$19^h\,25^m$		3″31			10.6	1160		
bei 781	bei Caucasus η	23	220	312	5	+ 146	+ 572	13.2	2700	—	

Nr.	Name der Formation	Blatt oder Reihe	Gem. Koord. X	Y oder Zeit	Schattenlänge	Selenoz. Koord. ξ	η	$h_\odot$	h in Metern	h nach J. Schmidt	Bezeichnung nach J. Schmidt
782	Caucasus μ	5	168	311	10	+ 109	+ 533	13°.5	3220	3000	Caucasus c mittel = d
		13	215	523	13			8.4	2300		
787	Hadley Westwall	5	212	412	15	+ 65	+ 446	11.5	4110	4000	
		H_2	$19^h 35^m$		12″.27			8.6	3410		
792	Kap Fresnel	5	194	384	10	+ 82	+ 471	12.3	2940	2400	
		H_2	$19^h 36^m$		6″.55			9.6	2070		
794	Manilius	23	209	575	4	+ 143	+ 249	17.4	2840	2400	
		H_6	$22^h 30^m$		6″.14			10.7	2100		
891	Conon Westwall	5	238	507	8	+ 40	+ 369	10.4	1980	1900	
		H_2	$19^h 37^m$		6″.02			7.2	1440		
		H_3	$20^h 49^m$		4″.10			13.5	1880		
	Conon Ostwall	23	311	474	3.5	+ 26	+ 370	22.9	3220	2300	
		H_5	$23^h 57^m$		3″.53			22.9	2690		
		H_6	$23^h 16^m$		6″.93			16.0	3510		
		H_7	$22^h 57^m$		4″.18			22.2	3060		
		H_9	$23^h 57^m$		9″.55			5.9	1830 (G)		
909	Autolycus Westwall innen	5	257	337	16	+ 36	+ 510	9.3	3510	3000	
		13	316	557	26			4.2	2070 (G)		
		H_2	$19^h 29^m$		13″.46			6.8	2660		
		H_3	$20^h 39^m$		6″.02			12.6	2570		
		K	$20^h 45^m$		13″.15			5.8	2420		
	Autolycus Westwall außen	34	80	306	17			2.5	1110	1500	
	Autolycus Ostwall innen	23	329	361	5	+ 12	+ 510	21.8	4420	2800	
		34	100	308	16			3.8	1790 (G)		
		H_6	$23^h 14^m$		4″.63			15.3	2260		
		H_9	$23^h 53^m$		12″.51			6.1	2400		

Nr.	Name der Formation	Blatt oder Reihe	Gem. Koord. X (oder Zeit)	Gem. Koord. Y	Schattenlänge	Selenoz. Koord. ξ	Selenoz. Koord. η	$h_\odot$	h in Metern	h nach J. Schmidt	Bezeichnung nach J. Schmidt
911	Autolycus β	5	244	382	10	+ 42	+ 473	9°9	2360	1700	
		23	301	390	3			20.7	2510		
		34	76	346	20			2.3	1130		
		H_9	$23^h 59^m$		8″06			4.6	1180		
912	Autolycus γ	5	237	365	7	+ 50	+ 488	10.3	1710	1000	
		H_2	$19^h 32^m$		3″43			7.6	780		
		34	67½	330	12			1.7	560		
		H_9	$0^h 1^m$		7″7			3.9	560		
917	Aristillus Westwall innen	5	263	278	18	+ 35	+ 562	9.0	3780	3000	
		13	320	498	38	+ 34	+ 555	3.9	2640 (G)		
		H_2	$19^h 28^m$		17″09			6.6	3530		
		H_3	$20^h 37^m$		7″07			12.2	2920		
	Aristillus Westwall außen	34	77½	263	20	+ 35	+ 561	2.2	1100	1700	
	Aristillus Ostwall innen	23	339	323	5	+ 3	+ 557	21.4	4350	3300	
		34	107	265	22			7.1	2580 (G)		
		H_6	$23^h 12^m$		5″35			15.1	2570		
		H_9	$23^h 55^m$		19″34			6.2	3680		
921	Aristillus B	23	367	313	1.5	— 29	+ 570	23.2	1440	400	
		34	134	253	2.5			5.8	490		
923	Theaetetus Westwall innen	5	196	230	11	+ 92	+ 601	11.9	3110	2500	
		13	242	440	15			7.3	2280		
		H_2	$19^h 26^m$		6″93			9.9	2260		
		H_3	$20^h 30^m$		4″04			15.1	2080		
		K	$20^h 32^m$		8″2			14.1	3840		
	Theaetetus Ostwall außen	13	262	438	5	+ 77	+ 601	6.5	700	1100	
		H_2	$19^h 26^m$		0″5			9.1	160		

Nr.	Name der Formation	Blatt oder Reihe	Gem. Koord. X oder Zeit	Y	Schatten-länge	Selenoz. Koord. ξ	η	$h_\odot$	h in Metern	h nach J. Schmidt	Bezeichnung nach J. Schmidt
923	**Theaetetus**	23	279	288	4.5	+ 77	+ 601	16°6	3050	1600	
	Ostwall innen	69	91	556	10			5.8	1440(G)		
		H_5	$23^h\ 53^m$		4″12			16.8	2330		
		H_6	$23^h\ 0^m$		8″16			10.4	2700		
		H_7	$22^h\ 53^m$		4″39			15.6	2300		
		H_8	$23^h\ 11^m$		6″10			11.5	2370		
929	**Cassini**	5	218	180	5	+ 78	+ 646	10.8	1290	1300	
	Westwall innen	13	267	381	10			6.2	1300		
		H_8	$19^h\ 8^m$		1″86			8.9	560		
	Cassini	5	256	173	8	+ 47	+ 652	9.0	1700	—	
	Nordostwall außen	13	310	374	13			4.5	1200		
	Cassini	23	308	253	1.5	+ 46	+ 647	17.4	1100	—	
	Ostwall innen	69	124	498	2			7.3	400		
930	**Cassini A**	5	231	175	7	+ 69	+ 649	10.1	1690	—	
	Westwall	13	280	380	9			5.7	1100		
		H_2	$19^h\ 9^m$		4″76			8.3	1320		
		H_3	$20^h\ 23^m$		4″61			13.4	2100		
		K	$20^h\ 27^m$		4″9			13.1	2140		
	Cassini A	23	298	251	3.5	+ 59	+ 649	16.6	2360	2200	
	Ostwall	69	108	496	7			6.5	1170(G)		
		H_5	$23^h\ 55^m$		3″93			16.8	2220		
		H_6	$23^h\ 2^m$		5″26			10.6	1770		
		H_7	$22^h\ 55^m$		3″71			15.5	1930		
931	**Cassini B**	5	247	183	4	+ 55	+ 644	9.5	900	—	
	Westwall	13	298	388	5			4.9	520		
		H_2	$19^h\ 11^m$		2″43			7.5	630		
		H_3	$20^h\ 24^m$		2″49			12.6	1080		
		K	$20^h\ 28^m$		2″3			12.2	960		

Nr.	Name der Formation	Blatt oder Reihe	Gem. Koord. X oder Zeit	Gem. Koord. Y	Schattenlänge	Selenoz. Koord. ξ	Selenoz. Koord. η	$h_\odot$	h in Metern	h nach J. Schmidt	Bezeichnung nach J. Schmidt
931	Cassini B	23	305	257	2.5	+ 50	+ 643	17°.2	1760	—	
	Ostwald	69	121	504	3			7.1	560		
bei 937	bei Cassini α Südgipfel	5	145	139	8	+ 143	+ 679	14.1	2720	2500	
		13	181	342	12			9.8	2480		
		52	123	526	10			15.4	3600		
		H_1	$19^h\ 6^m$		32.″35			3.6	2780		
		H_2	$19^h\ 13^m$		2.″71			12.5	1150		
bei 937	bei Cassini α Mittelgipfel	5	145	135	9	+ 142	+ 683	14.0	3040	2300	
		13	182	335	14			9.8	2900		
		52	124	520	9			15.2	3220		
		H_1	$19^h\ 7^m$		32.″76			3.6	2760		
		H_2	$19^h\ 14^m$		3.″47			12.5	1440		
bei 937	bei Cassini α Nordgipfel	5	151	128	6	+ 139	+ 688	13.7	1960	1500	
		13	187	330	10			9.6	2030		
		52	130	515	9			15.0	3170		
		H_1	$19^h\ 8^m$		15.″05			3.4	1440		
		H_2	$19^h\ 15^m$		2.″49			12.3	1030		
938	Cassini β	5	141	149	5.5	+ 145	+ 670	14.2	1860	1600	
		13	175	353	6.5			10.1	1410		
		52	119	538	5			15.5	1820		
bei 938	bei Cassini β	5	150	163	16	+ 136	+ 659	13.9	5260	—	
		13	187	366	24			9.6	4760		
		23	234	244	5.5			11.9	2700	—	
940	Cassini δ	5	239	140	11	+ 66	+ 680	9.7	2540	1900	
		13	287	341	21			5.5	2290		
		52	220	538	10			11.0	2570		

Nr.	Name der Formation	Blatt oder Reihe	Gem. Koord. X oder Zeit	Gem. Koord. Y	Schattenlänge	Selenoz. Koord. ξ	Selenoz. Koord. η	$h_\odot$	h in Metern	h nach J. Schmidt	Bezeichnung nach J. Schmidt
941	Cassini ε	5	231	153	10.5	+ 71	+ 669	10°.1	2540	1300	
		13	277	354	18			5.8	2160		
bei 942	bei Prom. Deville und Cassini κ	5	301	134	19	+ 16	+ 687	6.8	2980	3000	Alpen b
		52	287	538	17			8.1	3130		
		H_2	18h 50m		17″.30			5.1	2680		
		H_3	20h 13m		6″.22			10.0	2100		
		23	337	221	4.5			18.0	3310	—	
		69	155	449	9			8.7	2030		
bei 943	bei Prom. Agassiz	5	289	143	18	+ 24	+ 678	7.4	3080	2700	Südkap η
		52	274	548	16			8.7	3160		
		H_2	18h 48m		13″.86			5.5	2380		
		H_3	20h 12m		4″.24			10.5	1510		
bei 943	bei Prom. Agassiz	5	292	141	10	+ 22	+ 679	7.3	1720	1300	Senkung zw. beiden vorigen Gipfeln
		52	275	546	8			8.6	1600		
947	Cassini κ	5	304	127	22	+ 16	+ 693	6.7	3310	2600	Alpen c
		52	288	530	17			8.0	3110		
		H_2	18h 51m		17″.75			5.1	2730		
		H_3	20h 15m		6″.18			9.9	2080		
bei 950	bei den Alpen	5	347	46	30.5	— 11	+ 764	4.4	2780	3000	Berg μ
		52	334	432	22			5.7	2750		
		H_2	18h 58m		35″.92			3.3	2650		
		H_3	20h 1m		11″.15			7.6	2780		
951	Montblanc Nordgipfel nach Ost	5	325	113	14	— 1	+ 705	5.6	1830	4300	
		52	311	515	17			6.9	2680		
	Montblanc Nordgipfel nach West	69	166	418	14	+ 1	+ 711	9.2	3290	2700	
		H_9	0h 40m		26″.49			4.8	3550		

Nr.	Name der Formation	Blatt oder Reihe	Gem. Koord. X	Y (oder Zeit)	Schattenlänge	Selenoz. Koord. ξ	η	$h_\odot$	h in Metern	h nach J. Schmidt	Bezeichnung nach J. Schmidt
952	Montblanc α	5	318	103	30	+ 5	+ 713	5°9	3840	3700	Berg λ (Mädler)
		52	304	504	22			7.2	3560		
		H_2	18h 52m		31″82			4.4	3600		
		H_3	20h 17m		6″60			9.2	2050		
954	Montblanc Südgipfel	5	316	122	10	+ 5	+ 697	6.1	1440	—	
955	Montblanc δ	52	309	488	15	+ 3	+ 723	6.9	2380	—	
bei 955	bei Montblanc δ	5	332	89	17	— 4	+ 726	5.2	2020	—	
		52	318	485	9			6.5	1360		
		H_2	18h 54m		16″71			3.8	1880		
		H_3	20h 20m		5″06			8.5	1440		
bei 956	bei Alpen α	23	316	231	2.5	+ 40	+ 674	17.1	1770	1700	Berg a westl. Südkap η
		69	128	464	8			7.3	1530		
		H_9	0h 8m		19″63			3.1	1510		
bei 956	bei Alpen α	23	319	225	3	+ 38	+ 681	16.9	2050	1500	Berg b westl. Südkap η
		69	130	457	7			7.5	1360		
		H_9	0h 9m		14″30			3.2	1300		
bei 956	be Alpen α	23	318	222	4	+ 38	+ 686	16.8	2750	1800	Berg c westl. Südkap η
		69	129	449	6			7.3	1170		
		H_9	0h 10m		16″10			3.2	1430		
965	Egede A Westwall	5	192	24	5	+ 118	+ 782	11.5	1370	—	
		13	224	217	6			8.1	1040		
		52	173	382	6			12.8	1820		
		H_1	19h 15m		6″26			3.2	630(G)		
		H_2	18h 41m		4″03			10.6	1420		
		H_3	19h 48m		3″21			14.6	1600		
		K	20h 18m		3″3			9.8	1100		
		H_4	19h 26m		3″35			18.0	2050		

Nr.	Name der Formation	Blatt oder Reihe	Gem. Koord. X oder Zeit	Gem. Koord. Y	Schattenlänge	Selenoz. Koord. ξ	Selenoz. Koord. η	$h_\odot$	h in Metern	h nach J. Schmidt	Bezeichnung nach J. Schmidt
965	Egede A Ostwall	23	266	150	3	+ 111	+ 782	10°0	1250	—	
		69	32	328	5.5			2.0	260 (G)		
		H_5	$23^h\ 49^m$		5″26			10.3	1830		
		H_6	$22^h\ 40^m$		4″14			4.9	640		
		H_7	$22^h\ 42^m$		4″34			8.8	1290		
971	Archytas Westwall	13	319	132	22	+ 56	+ 855	4.2	1830 (G)	1900	
		52	266	285	15			8.2	2840		
		H_2	$18^h\ 35^m$		8″92			6.6	1910		
		H_3	$19^h\ 41^m$		6″54			10.0	2210		
		K	$20^h\ 15^m$		9″9			5.9	1880		
		H_4	$19^h\ 34^m$		4″39			12.8	1930		
	Archytas Ostwall innen	23	337	95	6	+ 36	+ 855	11.5	2820	1200	
		69	104	234	15			5.1	1880		
		H_6	$22^h\ 45^m$		8″71			6.9	1900		
		H_7	$22^h\ 46^m$		8″81			10.1	2920		
		H_9	$0^h\ 10^m$		16″10			1.2	330 (G)		
	Archytas Ostwall außen	H_2	$18^h\ 38^m$		1″51			5.6	280	—	
979	Protagoras η	23	340	158	6	+ 21	+ 769	15.4	3760	—	
		69	136	345	18			7.3	3300		
		H_6	$23^h\ 4^m$		8″10			10.1	2610		
985	Protagoras Westwall	13	283	164	13	+ 79	+ 828	5.7	1550	1900	Archytas A
		52	230	322	8			10.0	1880		
		H_2	$18^h\ 40^m$		6″28			8.2	1700		
		H_3	$19^h\ 43^m$		4″20			11.8	1670		
		K	$20^h\ 16^m$		6″0			7.3	1460		
		H_4	$19^h\ 32^m$		4″24			14.8	2140		

Nr.	Name der Formation	Blatt oder Reihe	Gem. Koord. X	Y (oder Zeit)	Schattenlänge	Selenoz. Koord. ξ	η	$h_\odot$	h in Metern	h nach J. Schmidt	Bezeichnung nach J. Schmidt
985	Protagoras Ostwall	23	310	114	5.5	+ 64	+ 828	11.°0	2490	—	
		69	77	271	10			3.9	990		
		H_6	$22^h 43^m$		5.″65			6.2	1110		
		H_7	$22^h 44^m$		4.″79			9.7	1570		
bei 985 b	bei Protagoras E	52	307	418	22	+ 11	+ 770	6.9	3390	—	
		H_2	$19^h 1^m$		25.″60			4.6	3320		
		H_3	$20^h 3^m$		9.″94			8.8	2920		
bei 988	bei Meton α	13	232	41	8	+ 128	+ 944	7.8	1320	1700	
		52	188	140	6	+ 129	+ 936	10.5	1500		
1005	Barrow Westwall	13	312	39	27	+ 71	+ 946	4.5	2310	—	
		52	263	134	14			7.1	2280		
		H_2	$18^h 28^m$		8.″65			6.8	1910		
		H_3	$19^h 52^m$		4.″13			8.8	1240		
		K	$19^h 50^m$		9.″6			6.1	1900		
	Barrow Ostwall	23	368	30	11	+ 18	+ 950	7.0	3060	2900	
		69	103	104	39			3.9	3100		
		H_6	$22^h 53^m$		41.″38	+ 18	+ 952	3.6	3080		
	eine etwas südlichere Spitze	H_6	$22^h 55^m$		30.″00	+ 18	+ 948	3.8	2850		
1013	Scoresby Westwall	52	273	78	28	+ 70	+ 977	5.9	3540	3400	
1023	Goldschmidt Westwall	52	328	125	42	+ 22	+ 957	4.1	3150	3000	Barrow A Gipfel im Ostwall
		H_2	$18^h 30^m$		30.″36			3.9	2990		
		H_3	$19^h 24^m$		13.″09			5.6	2350		
	Goldschmidt Ostwall	69	157	84	11	— 37	+ 961	6.4	1770	2100	

Nr.	Name der Formation	Blatt oder Reihe	Gem. Koord. X oder Zeit	Gem. Koord. Y	Schattenlänge	Selenoz. Koord. ξ	Selenoz. Koord. η	$h_\odot$	h in Metern	h nach J. Schmidt	Bezeichnung nach J. Schmidt
1026	Anaxagoras Westwall	H_3	19h 29m		17.″95	− 33	+ 959	2.°5	1200	2200	
		H_4	19h 40m		16.″23			3.9	1910		
	Anaxagoras Ostwall innen	69	190	87	20	− 65	+ 958	8.1	4020	2500	
		H_9	0h 36m		20.″08			4.8	2820		
	Anaxagoras Ostwall außen	H_4	19h 42m		19.″11			2.0	920	—	
1040	Epigenes Westwall	H_3	19h 32m		14.″01	− 20	+ 922	4.4	1900	1600	
		H_4	19h 38m		6.″38			6.4	1370		
	Epigenes Ostwall	23	415	48	4	− 46	+ 922	12.2	2000	—	
		69	182	140	10			8.2	2120		
		H_8	22h 49m		5.″91			8.7	1630		
		H_9	0h 35m		10.″18			4.7	1500		
1051	Timäus Westwall innen	52	335	240	19	+ 6	+ 888	4.8	2000	1500	
		H_3	19h 35m		9.″64			6.6	2090		
		H_4	19h 36m		5.″63			9.2	1760		
	Timäus Westwall außen	H_9	0h 31m		7.″37			2.4	540	—	
	Timäus Ostwall innen	23	382	71	4.5	− 13	+ 889	12.4	2280	—	
		69	153	188	14.5			7.2	2650		
		H_6	22h 47m		7.″54			8.3	1980		
		H_7	22h 48m		4.″57			11.1	1690		
		H_9	0h 30m		12.″39			3.5	1300		
	Timäus Ostwall außen	H_3	19h 37m		2.″18			5.5	370	—	
bei 1051	Geländeabbruch nördl. Timäus	69	152	171	8	− 15	+ 900	7.0	1460	—	
		H_9	0h 33m		10.″77			3.4	1100		

Nr.	Name der Formation	Blatt oder Reihe	Gem. Koord. X oder Zeit	Y	Schattenlänge	Selenoz. Koord. $\bar{\xi}$	η	$h_{\odot}$	h in Metern	h nach J. Schmidt	Bezeichnung nach J. Schmidt
1062	**Plato Westwall**	H_3	$19^h\ 20^m$		21."97	— 72	+ 782	3.°7	2240	2200	
	Plato Ostwall (etwas Nordost)	23	467	145	2.5	— 128	+ 787	22.4	2300	2400	
		34	205	44	6			9.9	2000		
		69	302	317	6			15.5	2450		
1064	Plato A Ostwall	34	223	34	6	— 148	+ 797	11.1	2230	3500	
		69	323	302	5			16.4	2160		
1069	Plato D Ostwall	34	240	69	3	— 166	+ 761	12.3	1250	3000	
		69	347	347	3			17.9	1390		
bei 1073	bei Plato H	52	352	388	22	— 21	+ 793	4.9	2330	—	
		H_3	$20^h\ 6^m$		11."32			6.7	2490		
	etwas nördlicher	H_3	$20^h\ 8^m$		4."75	— 19	+ 780	6.9	1110	—	
1092	Plato μ	52	360	455	30	— 33	+ 749	4.7	2900	—	
		H_3	$19^h\ 56^m$		8."70			6.5	1860		
bei 1092	bei Plato μ	23	372	181	4	— 18	+ 738	18.5	3030	—	
		34	112	97	13			4.1	1620		
		69	185	386	10			9.9	2590		
		H_9	$0^h\ 41^m$		9."06			5.7	1630		
1112	Pico	23	442	198	3	— 106	+ 717	23.6	2830	2300	
		34	191	114	7			9.3	2160		
		69	288	406	6			15.1	2400		
		H_9	$0^h\ 43^m$		5."92			10.8	2400		
1113	Pico β	23	434	221	2	— 100	+ 687	24.1	2000	2200	Pico B (Insula Ebissus)
		34	189	141	4			9.2	1230		
		69	285	445	4.5			15.2	1770		

Nr.	Name der Formation	Blatt oder Reihe	Gem. Koord. X	Y (oder Zeit)	Schattenlänge	Selenoz. Koord. ξ	η	$h_\odot$	h in Metern	h nach J. Schmidt	Bezeichnung nach J. Schmidt
1125	Piazzi Smyth Westwall	H_2	$19^h 48^m$		12.″94	— 38	+ 667	2.°4	920	—	
		H_3	$20^h 28^m$		3.″38			7.2	820		
	Piazzi Smyth Ostwall	23	388	237	3	— 45	+ 666	21.9	2640		
		34	142	162	4			6.2	840(G)	—	
		69	225	471	5			12.2	1620		
		H_6	$23^h 9^m$		3.″77			16.0	1930		
		H_9	$0^h 5^m$		3.″60			8.1	970(G)		
1128	Piton	5	329	172	18	— 10	+ 654	5.6	2300		Großer Berg A östl. Cassini
		H_2	$19^h 46^m$		16.″65			4.1	2020	2300	
		H_3	$20^h 27^m$		7.″09			8.9	2100		
		23	356	247	4			20.2	3290		
		34	112	176	19			4.3	2320		
		69	188	489	9			10.4	2450	2700	
		H_6	$23^h 7^m$		5.″08			14.3	2330		
		H_9	$0^h 3^m$		9.″04			6.2	1830		
1132	Kirch	23	413	264	2.5	— 78	+ 633	24.4	2520		
		34	173	193	4			8.3	1110	—	
		69	267	512	5			14.5	1910		
		H_6	$23^h 10^m$		2.″98			18.5	1760		
1135	Spitzbergen	23	401	322	1.5	— 72	+ 559	25.6	1580	1400	
		34	172	262	4			8.4	1130		
	in Spitzbergen	23	403	312	1	— 72	+ 572	25.5	1040	1200	
		34	171	251	4			8.3	1110		
1138	Spitzbergen ε	34	168	245	3.5	— 70	+ 578	8.1	960	1200	
	in Spitzbergen	34	173	226	3	— 77	+ 598	8.4	850	800	

Nr.	Name der Formation	Blatt oder Reihe	Gem. Koord. X	Gem. Koord. Y (oder Zeit)	Schattenlänge	Selenoz. Koord. ξ	Selenoz. Koord. η	$h_{\odot}$	h in Metern	h nach J. Schmidt	Bezeichnung nach J. Schmidt
1144	Archimedes Westwall innen	5 H_3	343 $20^h\ 40^m$	359	16.5 5.″48	— 36	+ 495	5.°4 8.6	2020 1600	1700	
	Archimedes Westwall außen	34	142	323	5			6.5	1100	1500	
	Archimedes Ostwall innen	23 34	408 184	369 324	2 7	— 83 — 82	+ 501 + 491	27.2 9.3	2230 2160	2100	
1145	Archimedes A Westwall innen	5 H_3	415 $20^h\ 43^m$	390	7 3.″69	— 96	+ 471	2.1 5.3	310 660	—	
	Archimedes A Ostwall innen	23 34	422 202	394 343	2.5 4	— 101	+ 470	28.8 10.4	2910 1410	—	
	Archimedes A Ostwall außen	H_3	$20^h\ 44^m$		2.″49			5.0	430	—	
1147	Archimedes C Westwall innen	5	325	324	3.5	— 18	+ 524	6.1	520	1100	
	Archimedes C Ostwall innen	34	132	296	2	— 25	+ 524	5.8	400	—	
	Archimedes C Ostwall außen	H_3	$19^h\ 42^m$		1.″3			3.4	140	—	
1153	Archimedes α	34	190	408	3	— 85	+ 399	9.8	990	1000	
1160	Archimedes ε	5 H_3 34	366 $20^h\ 46^m$ 155	319 290	13 4.″41 5	— 52	+ 529	4.2 7.5 7.3	1230 1130 1230	1500 1600	
1185	Beer Ostwall	34	239	357	2.5	— 143	+ 453	12.9	1080	—	
1186	Feuillé Ostwall	34	243	352	2.3	— 148	+ 459	13.1	1030	—	

Nr.	Name der Formation	Blatt oder Reihe	Gem. Koord. X oder Zeit	Gem. Koord. Y	Schattenlänge	Selenoz. Koord. ξ	Selenoz. Koord. η	$h_{\odot}$	h in Metern	h nach J. Schmidt	Bezeichnung nach J. Schmidt
1187	Huyghens Hauptgipfel	5 H_3	342 20h	548 52m	48 13."66	— 46	+ 337	5.°6 8.7	5300 3900	} 5400	
bei 1187	Nordkap bei Huyghens	5	336	533	28	— 42	+ 350	5.9	3600	4700	
1271	Eratosthenes Ostwall	34	301	541	7	— 204	+ 248	17.3	4020	4600	
1281	Eratosthenes η	34	332	534	3.5	— 242	+ 254	19.3	2300	1400	
1296	Timocharis Ostwall	34	299	359	4.5	— 211	+ 449	16.9	2560	2500	
1299	Helikon Ostwall	34	368	172	3	— 304	+ 645	21.2	2140	1800	
1304	Leverrier Ostwall	34	343	174	4	— 274	+ 644	19.4	2590	1900	
1322	Straight range Westabhang	34 69	275 393	80 362	4 4	— 204	+ 748	14.7 20.2	1960 2110	} 1800	
1323	Fontenelle Ostwall	69	311	176	4.5	— 155	+ 892	14.9	1740	1800	
1342	Philolaus Ostwall	69	324	94	7	— 183	+ 947	14.7	2660	3000	
1365	Condamine Ostwall	34	345	24	2.5	— 291	+ 800	19.1	1600	1300	
1390	Carlini Ostwall	34	406	256	2.5	— 341	+ 554	24.0	1980	600	
1394	Carlini D Ostwall	34	313	271	2.5	— 232	+ 543	17.6	1480	600	
1401	Lambert Ostwall	34	402	367	3.5	— 329	+ 434	23.9	2800	2000	
1406	Pytheas Ostwall	34	409	443	2	— 333	+ 349	24.5	1650	1500	
1438	Gay Lussac A Ostwall	34	421	553	3	— 343	+ 229	25.5	2540	1500	
1650	Bianchini Ostwall	34	427	70	3.5	— 382	+ 747	24.9	2900	2500	

Bemerkungen zum Katalog

591 Menelaus: Photographische Messungen und visuelle von Hopmann wesentlich größer als die fünf untereinander gut stimmenden Messungen von Schmidt.

619 Bessel: Innenhöhe bei Schmidt gültig für Westwall außen, für Ostwall innen ist diese bei Schmidt nicht gegeben, im Katalog wurde in dieser Spalte an dessen Stelle die für Westwall innen gegebene angeführt.

676 Demokrit: Schmidt auffallend niedrig, Schattenlänge in Photographie deutlich.

697 Chr. Mayer: Schmidt nur eine Messung: nach Ausweis der Photographien und der Wiener visuellen Messungen Höhe bei Schmidt sicher zu niedrig.

698 Sheepshanks: Die visuellen Messungen beim Westwall niedriger als die photographischen.

710 Aristoteles: Der Westwall selbst nicht zu messen, da dazwischen ein Nebenberg, daher ist hier die Höhe dieses Nebenbergs gegenüber dem inneren gegeben.

725: Galle: Die visuellen Messungen des Westwalls niedriger als die photographischen.

726 Eudoxus: Die Angabe bei Schmidt bezieht sich auf den Westwallgipfel nach innen. Nachdem bei der Photographie immer auf die Stelle eingestellt wurde, wo der Schatten am längsten ist, erscheint der Vergleich so angebracht. Für den Westwall an sich gibt Schmidt 3500 m, was den Mikrometermessungen entsprechen dürfte.

Südostwall: Auch hier sind Unterschiede wie beim Westwall möglich.

751 Calippus α: Großer Unterschied von West und Ost dadurch verursacht, weil es nach Osten auf Ebene geht, nach Westen auf Berggelände.

bei 770 bei Caucasus γ (erstes): sehr unruhiges Gelände, daher Messungen stark verschieden.

782 Caucasus μ: Bei Schmidt geringere Sonnenhöhe, Schattenspitze fällt auf tieferes Gelände. Photo zeigt eine Geländestufe.

891 Conon Ostwall: Bei Schmidt nur eine Höhe bei hohem Sonnenstand, vielleicht schon auf Böschung.

909 Autolycus Ostwall innen: Auf Photographie 23 deutlich, Wiener Messungen in Übereinstimmung mit sieben gut stimmenden Messungen von Schmidt.

911 Autolycus β: Schattenlänge auf Blatt 5 wegen unruhigen Geländes unklar, deshalb Höhe dort wahrscheinlich zu hoch, bei Blatt 23 Sonnenhöhe so hoch, daß dadurch die Höhe unsicher wird, daher die Abweichungen gegen Schmidt weiter nicht auffallend.

912 Autolycus γ: Schattenlänge auf Blatt 5 vielleicht auch hier wegen unruhigen Geländes zu lang gemessen.

917 Aristillus: Am Blatt 5 wurde die Schattenlänge etwas nördlich der Mitte gemessen, da sonst der Zentralberg hinderlich gewesen wäre. Sonst sind wohl die Höhenunterschiede durch die verschiedenen Böschungen bewirkt.

921 Aristillus B: Der Unterschied ist wohl durch den allzu kurzen Schatten auf Blatt 23 bewirkt.

923 Theaetetus Ostwall innen: Schmidt nur eine Messung mit der Bemerkung „wahrscheinlich verfehlt".

930 Cassini A: Verschiedenheiten der Höhe durch Böschung bewirkt.

bei 938 bei Cassini β: Unterschied von Ost und West durch unebenes Gelände bewirkt.

940 Cassini δ: Messungen von Schmidt bei geringer Höhe.

941 Cassini ε: Schmidt nur eine Messung.

942—956 Alpen: Identifizierung zwischen Schmidt und den Messungen dieser Arbeit schwierig und daher unverläßlich.

bei 942 bei Prom. Deville: bei 943 bei Prom. Agassiz: 947 Cassini κ: bei 956 bei Alpen α: bei 1092 bei Plato μ:	Visuelle Messungen entschieden niedriger als die photographischen, die Schattenlänge ist aber auf den Photographien ziemlich klar.

971 Archytas: Messungen bei Schmidt stark klaffend, beim Ostwall nur eine Messung bei geringer Höhe.

985 Protagoras: Verschiedene Höhen beim Ostwall vor allem durch den verschiedenen Sonnenstand bewirkt. Allerdings erscheint die Höhe auf Blatt 23 besonders hoch.

bei 988 bei Meton α: Auf dem Blatte 52 wurde südlicher gemessen als auf Blatt 13, da dort die Höhe ein bißchen größer erschien.

1005 Barrow Westwall: Auf den Photographien wurde der längste Teil des Schattens gemessen, vielleicht deshalb länger.

1026 Anaxagoras: Messungen bei Schmidt unter größeren Höhenwinkeln.

1040 Epigenes: } Auf Blatt 69 Schattenlänge recht deutlich, visuelle
1051 Timäus: } Wiener Messungen geben entschieden weniger.

1069 Plato D: Bei Schmidt nur eine Messung bei $4^1/_2°$ Höhe.

1113 Pico β: Bei Schmidt sind die Höhen bei wesentlich niedrigerer Sonnenhöhe gemessen.

1125 Piazzi Smyth: Unterschiede sichtlich Böschungseffekte, Höhe bei 23 allerdings wegen großer Sonnenhöhe unverläßlich und durch Irradiation vergrößert.

1144 Archimedes Westwall außen: Hier wurde auf Blatt 34 der Unterschied zwischen der Zwischenterrasse und dem äußeren Boden gemessen, bei Schmidt hingegen der Unterschied zwischen Wall und Boden.

1145 Archimedes A Ostwall: Am Blatte 23 ist der Schatten durch Irradiation sichtlich stark vergrößert.

Die in den Sitzungsberichten Abt. I und Abt. II der math.-nat. Klasse der Österr. Akad. d. Wiss. erscheinenden Abhandlungen werden auch einzeln abgegeben. Sie können durch jede Buchhandlung oder direkt durch die Auslieferungsstelle der Österreichischen Akademie der Wissenschaften (Wien I, Singerstraße 12) bezogen werden.

Nachfolgende Abhandlungen aus dem Fach **Physik** sind erschienen:

1950 (1949) (S II a, Bd. 158):

Koczy Gerta: Weitere Uranbestimmungen an Meerwasserproben, 8 Seiten. S 5.40

Lintner K.: Wechselwirkung schneller Neutronen mit den schwersten stabilen Kernen (Bi, Pb, Tl und Hg) (mit 15 Textfiguren), 33 Seiten. S 12.—

Lintner K., Moser H. und Cerny J.: Methodik der Kugelversuche zur Bestimmung der Wirkungsquerschnitte gegenüber schnellen Neutronen, 11 Seiten. S 6.40

Tomiser J.: Neue Wege in der spektroskopischen Blutuntersuchung (mit 3 Tafeln), 4 Seiten. S 6.40

1950 (1950) (S II a, Bd. 159):

Blau Marietta: Bericht über die Entdeckung der durch kosmische Strahlung erzeugten „Sterne" in photographischen Emulsionen, 4 Seiten. S 4.—

Danninger R. und Sirk H.: Theorie des in einer magnetisch abgelenkten Glimmentladung auftretenden Druckgefälles, 4 Seiten. S 3.40

Feuchtinger K.: Ableitung des zweiten Hauptsatzes für reversible Prozesse (mit 2 Abbildungen). S 3.40

Glaser W.: Zur wellenmechanischen Theorie der elektronenoptischen Abbildung (mit 2 Abbildungen), 63 Seiten. S 58.—

Haupt H.: Über Phasenkoeffizienten und Albedo der kleinen Planeten Ceres, Pallas, Juno und Vesta, 20 Seiten. S 21.60

Hess V. F.: Persönliche Erinnerungen aus dem ersten Jahrzehnt des Instituts für Radiumforschung, 3 Seiten. S 4.—

Hevesy G. v.: Erinnerungen an die alten Tage am Wiener Institut für Radiumforschung, 2 Seiten. S 4.—

Meyer St.: Die Vorgeschichte der Gründung und das erste Jahrzehnt des Institutes für Radiumforschung, 26 Seiten. S 4.—

Paneth F. A.: Aus der Frühzeit des Wiener Radiuminstituts. Die Darstellung des Wismutwasserstoffs, 3 Seiten. S 4.—

Przibram K.: 1920 bis 1938, 7 Seiten. S 4.—

Rieder W.: Der Szilard-Chalmers-Effekt mit langsamen und schnellen Neutronen (mit 5 Abbildungen), MIR Nr. 462, 14 Seiten. S 13.—

Wieninger L. und Adler N.: Über die Verfärbung von nat. Steinsalzkristallen durch Bestrahlung mit α-Teilchen von RaF (mit 7 Abbildungen), MIR Nr. 472, 12 Seiten. S 13.80

Wieninger L.: Über die Bestrahlung natürlicher, gefärbter Steinsalzkristalle mit α-Teilchen von RaF (mit 7 Abbildungen), MIR Nr. 466, 15 Seiten. S 15.—

Wieninger L. und Adler N.: Über den Einfluß der Erwärmung auf das Absorptionsspektrum des mit RaF-x-Strahlen verfärbten Steinsalzes (mit 7 Abbildungen), MIR Nr. 467, 11 Seiten. S 9.60

Wieninger L.: Über die Verfärbung von gepreßten Steinsalzkristallen durch Bestrahlung mit α-Teilchen von RaF (mit 5 Abbildungen), 12 Seiten. S 9.60

1951 (S II a, Bd. 160):

Bernert Traude: Radiumbestimmungen an Tiefseesedimenten (mit 3 Abbildungen), MIR Nr. 480, 12 Seiten. S 6.30

Böhm W.: Kolloide und Farbzentren in additiv verfärbtem Steinsalz (mit 5 Abbildungen), 18 Seiten. S 8.—

Brukl A., Hernegger F. und Hilbert Hermine: Zur Kenntnis neuer in der Natur vorkommender α-Strahler (mit 9 Abbildungen), MIR Nr. 482, 17 Seiten. S 5.50

Mayerl Margarete: Bestimmungen der optischen Konstanten des Calciums und Anwendung der Mieschen Theorie auf die Verfärbung des Flußspates (mit 5 Abbildungen), 7 Seiten. S 3.50

Wieninger L.: Ein Beitrag zur Klärung der Frage nach Wesen und Ursprung der Violett- bzw. Blaufärbung natürlicher Steinsalzkristalle (mit 13 Abbildungen) MIR Nr. 474, 33 Seiten. S 10.50

www.ingramcontent.com/pod-product-compliance
Ingram Content Group UK Ltd.
Pitfield, Milton Keynes, MK11 3LW, UK
UKHW021816190726
13853UKWH00003B/1014

9783662231180